Bibliografische Information der Deutschen Nationalbibliothek:

Die Deutsche Bibliothek verzeichnet diese Publikation in der Deutschen Nationalbibliografie; detaillierte bibliografische Daten sind im Internet über http://dnb.d-nb.de/ abrufbar.

Impressum:

Copyright © 2017 GRIN Verlag, Open Publishing GmbH
Druck und Bindung: Books on Demand GmbH, Norderstedt Germany
ISBN: 9783668581647

Dieses Buch bei GRIN:

http://www.grin.com/de/e-book/381131/das-medizinische-potenzial-von-bienenprodukten

Melanie Schneider

Das medizinische Potenzial von Bienenprodukten

GRIN Verlag

Pädagogische Hochschule Ludwigsburg
Studiengang: Erweiterungsstudium WHR PO 2011
3. Fachsemester
Biologie

Sommersemester 2017

<u>Hausarbeit</u>
<u>Für den Erwerb eines Hauptseminarscheins</u>

Bienenkunde

Das medizinische Potenzial von Bienenprodukten

vorgelegt von: Melanie Schneider

Inhalt

1. <u>Einleitung</u>

Bienen – in der heutigen Gesellschaft werden sie meistens mit Angst oder Schmerzen verbunden. Doch das Zusammenspiel zwischen Mensch und Biene besteht seit mehreren tausend Jahren. Der Mensch lernte mit ihnen umzugehen und sie in Stöcken zu beimkern und erlernte, dass die Produkte der Bienen zu weit mehr im Stande sind als nur ein Süßungsmittel herzustellen. Bienenprodukte werden mindestens seit der Zeit der Ägypter zu Heilzwecken benutzt und dieses Wissen wurde über Generationen weiter getragen und ausgebaut, bis es sich wieder verlor. Glücklicherweise ist in den letzten Jahrzehnten ein Aufschwung zu bemerken und es entstand ein neuer medizinischer Zweig: Die Apitherapie. In der vorliegenden Seminararbeit wird zunächst einmal geklärt, was Apitherapie ist und aus welchen Prinzipien sie aufgebaut ist. Im Anschluss geht es darum, wo man die Apitherapie und verschiedene Naturheilmethoden koppeln kann, oder wo sie schon miteinander korrespondieren. Doch um die Apitherapie im Ganzen zu verstehen, muss man sich auf die Grundlagen besinnen mit denen sie wirkt: den Bienenprodukten. Diese werden im dritten Kapitel vorgestellt mit dem Augenmerk darauf, wie sie entstehen und produziert werden und welche Anwendungsgebiete diese abdecken.

2. <u>Apitherapie – Was ist das?</u>

Dass Honig als Lebensmittel eine Jahrtausend alte Geschichte hat, ist weithin bekannt. Doch auch die Anwendung von Honig und anderen Bienenprodukten zu Heilzwecken hat eine lange Tradition. Man fand heraus, dass die Indianer sich bereits vor 6000 Jahren sowohl mit der Bienenzucht beschäftigten, als auch „die Propolis zur Heilung von Wunden" benutzten[1]. Doch auch die Ägypter, vor allem deren Zeichnungen an den Wänden von Tempeln, Pyramiden und Obelisken, wussten davon, wie man Honig auch zu Heilzwecken nutzen konnte[2]. Einer der wohl berühmtesten Vertreter der Medizin, Hippocrates, verwendete Honig sehr vielseitig und er listete die Physikalischen Eigenschaften des Honigs auf:„ It causes heat, cleans sores and ulcers, softens hard ulcers of the lips, and helas carbuncles and running sores[3]". Doch nicht nur auf Pyramiden, auf Papyri oder Tempeln wurden die Heilkräfte des Honigs und anderer Bienenprodukte beschrieben, sondern auch in den Heiligen Schriften verschiedener Religionen. So findet man im Koran in der Sure 16, Vers 68 und 69 folgende Worte:„(68) Und dein Herr hat der Biene eingegeben:„Nimm dir in den Bergen Häuser, in

---

[1] Potschinkova, Pavlina: Handbuch der Apireflextherapie. Stuttgart, 1996. S. 20.
[2] Ebd.
[3] Siehe Manjo, 1975 in: Gupta, Rakesh Kumar; Reybroeck, Wim; W. van Ween, Johan; Gupta, Anuradha: Beekeeping for Poverty Alleviation and Livelihood Security. London, 2014. S. 415.

den Bäumen und in dem, was sie an Spalieren errichten. (69) Hierauf iß von allen Früchten, ziehe auf den Wegen deines Herrn dahin, die (dir) geebnet sind. „Aus ihren Leibern kommt ein Getränk von unterschiedlichen Farben, in dem Heilung für die Menschen ist. Darin ist wahrlich ein Zeichen für Leute, die nachdenken"[4]. An diesem kleinen geschichtlichen Exkurs lässt sich ableiten, dass die Apitherapie sich über vielerlei Grenzen und Kulturen hinwegsetzte und diese tief in deren Glauben und auch Kultur verankert war. Die heilende Kraft der Bienenprodukte wurde auf der ganzen Welt genutzt, doch mit der Entdeckung „von Penicillin und das Aufkommen chemischer Medikamente stoppte [...] das damalige Wissen um den Nutzen der Apitherapie.[5]" Doch forschten einige Länder weiter und man kann sagen, dass ab den 50er Jahren das uralte Wissen langsam wieder hervorgeholt und weiter ausgebaut wurde[6]. Apitherapie, vom lateinischen Wort „apis" = Biene und dem griechischen therapeuein = Behandlung[7] abgeleitet, bezeichnet die „Heilmethode, bei der Bienenprodukte zur Prävention, Heilung und Genesung einer oder auch mehrerer Krankheiten eingesetzt werden"[8].

2.1. Die Prinzipien der Apitherapie

Auch wenn die Apitherapie ihre Wurzeln in der Antike hat, so ist sie jedoch keine eigenständige medizinische Strömung, obwohl es bereits Bemühungen gibt, dass diese als eigenständige Therapieform anerkannt wird[9]. Dies wird allein durch die Prinzipien der Apitherapie deutlich, welche von Dr. Stefan Stangaciu aufgestellt wurden und welche im Folgenden aufgelistet werden:

- Eine Diagnose sollte stets unter ganzheitlichen Gesichtspunkten gestellt werden. So schließt sie die Allopathie (Schulmedizin), die Akupunktur, die strukturelle (Ayurveda) und die informatorische (Homöopathie) mit ein.
- Eine Einleitung durch die Apitherapie kann erst dann stattfinden, wenn der Körper vorher entgiftet wurde.

---

[4] Ebd. Deutsche Übersetzung: URL: http://islam.de/13827.php?sura=16 (Stand: 20.08.2017).

[5] Frey, Johanna URL: https://propolis-ratgeber.info/apitherapie/ (Stand: 20. 08.2017).

[6] Ebd.

[7] Kasper, Walter URL: https://www.paracelsus.de/magazin/ausgabe/201401/die-apitherapie-bienenheilkunde/ (Stand: 20.08. 2017).

[8] Dr. med. Stangaciu, Stefan: Sanft heilen mit Honig, Propolis und Bienenwachs. 3. Auflage, Stuttgart, 2015. S. 16.

[9] Prof.Dr.med. Münstedt, Karsten; Dr.med.vet. Hoffmann, Sven: Bienenprodukte in der Medizin. Aachen, 2012. S. 29.

- Das oberste Gebot ist „Primum nik nocere" = In erster Linie nicht schaden!. Dies bedeutet, dass man keine Experimente durchführen soll und dass nur Produkte von sicherer und hoher Qualität eingesetzt werden.

- Sollten Allergiker behandelt werden, so gilt immer:„ Similia similibus curantur" = Ähnliches wird durch Ähnlichen geheilt. Dementsprechend können kleine Dosen von Bienenprodukten zur Behandlung von Bienenproduktallergien eingesetzt werden.

- Bei der Anwendung von Bienenprodukten sollte man stets auf die Herkunft, die Zusammensetzung und auf die pharmakologischen Eigenschaften achten, ebenso wie auf die Qualität und die Lagerung. Darüber hinaus sind „frische" und organische Produkte den Industriellen immer vorzuziehen, da diese durch Erhitzung, Filterung und Raffinierung einen Großteil ihrer Wirkstoffe einbüßen.

- Es sollten ferner immer verschiedene Wege in Betracht gezogen und verwendet werden, um die krankhaften Körperregionen zu erreichen. Darunter fallen Injektionen, Flüssigkeiten, Inhalationen, Salben, Cremes und Zäpfchen. Die verschrieben Dosis muss immer individualisiert erfolgen. Je nach Alter, Gewicht und Allgemeinzustand des Patienten und sie muss ebenso an die Zeit der Anwendung angepasst werden. Danach folgt eine langsame Steigerung der Dosen.

- Die Apitherapie wird nicht als Allheilmittel angesehen und sie wird dementsprechend am besten in Kombination mit anderen Naturheilverfahren praktiziert. Der Blutfluss soll unterstützend mit anderen Methoden wie Massagen, Akupressur, Taiji Quan, Quigong, etc. verbessert werden. Ein guter Schlaf, Entspannung, ein ordentliches, sauberes Umfeld und eine positive Denkweise tragen ebenso zu einem Therapieerfolg bei.

- Man muss sich in Geduld und Ausdauer üben, vor allem bei chronischen Krankheiten.

- Man sollte versuchen, alle Patienten vor, während und nach der Behandlung zu Bienenfreunden und in dem Zuge auch zu Bienenschützern zu erziehen, sodass jeder Patient zu seinem eigenen Apitherapeuten werden kann.

- Möchte man ein guter Apitherapeut sein, so ist es unerlässlich, dass dieser die Zusammenhänge im Bienenvolk kennt und er sollte ferner Hobbyimker sein.

- Ebenso ist es von großer Wichtigkeit, dass aktuelle Studien zu Rate gezogen werden, und es sollte ein reger Informationsaustausch zwischen anderen Apitherapeuten herrschen, damit die besten medizinischen Strategien entwickelt werden können.[10]

---

[10] Dr. med. Stangaciu, Stefan: Sanft heilen mit Honig, Propolis und Bienenwachs. 3. Auflage, Stuttgart, 2015. S. 17 – 19.

Anhand dieser Prinzipien wird deutlich, dass die Apitherapie sich „als eine Erfahrungsmedizin[11]" darstellt, bei der die Therapie auf jede Person einzeln zugeschnitten wird. Was sich hier als bislang äußerst positiv anhört, muss jedoch hinterfragt werden, denn die Wechselwirkungen zwischen den Bienenprodukten und anderen medizinischen Methoden sind bislang noch nicht im Ganzen erforscht. Im Folgenden werden daher einige medizinische Methoden die in Verbindung mit der Apitherapie stehen, vorgestellt werden.

2.2. Apitherapie und verschiedene Naturheilverfahren

Wie schon im vorherigen Kapitel angesprochen, ist die Apitherapie keine medizinische Heilmethode, welche allein steht, sondern immer mit anderen Verfahren gekoppelt ist. Die nachfolgende Übersicht soll aufzeigen, in welchen Bereichen die Apitherapie, bzw. verschiedene Bienenprodukte eingesetzt werden. Es werden verschiedene Naturheilverfahren aufgezeigt, die schon seit langem die Heilwirkung von Bienenprodukten anerkennen und diese entweder für sich nutzen oder Hand in Hand mit der Apitherapie gehen.

2.2.1. Phytotherapie

Allen voran steht die Symbiose mit der sogenannten Phytotherapie. Die Phytotherapie ist keine alternative Heilmethode, sondern sie steht als Teil der heutigen naturwissenschaftlichen Medizin da. Eine Definition zu finden ist schwierig, daher hat es sich das Kuratorium der Gesellschaft für Phytotherapie e.V. zur Aufgabe gemacht, eine allgemein gültige Definition zu finden: „Phytotherapie ist die Behandlung und Vorbeugung von Krankheiten bis zu Befindungsstörungen durch Pflanzen, Pflanzenteile und deren Zubereitung "[12].
Die in der Phytotherapie verwendeten Arzneien werden auch als sogenannte Phytopharmaka bezeichnet. Für Phytopharmaka gilt: dass die verwendeten Arzneien ausschließlich von Pflanzen, Pflanzenteilen oder pflanzlichen Bestandteilen in unbearbeitetem Zustand stammen[13]. Verbindet man nun die oben genannten Fakten mit der Apitherapie, so kommt man zu dem Schluss, dass sich die Präparate der Phytotherapie mit denen der Apitherapie kombinieren lassen. Sollte eine Pflanze, beispielweise der Lavendel, als Mittel gegen eine

---

[11] Prof.Dr.med. Münstedt, Karsten; Dr.med.vet. Hoffmann, Sven: Bienenprodukte in der Medizin. Aachen, 2012. S. 31.
[12] Melchart, Dieter; Brenke, Rainer; Dobos, Gustav; Gaisbauer, Markus; Saller, Reinhard: Naturheilverfahren – Leitfaden für die ärztliche Aus-, Fort- und Weiterbildung. Stuttgart, 2002. S. 180.
[13] Augustin, Matthias; Hoch, Yvonne: Phytotherapie bei Hauterkrankungen. München, 2004. S. 7.

bestimmte Krankheit bekannt sein, so lässt sich in der Regel auch dessen Nektar oder Pollen verwenden[14].

2.2.2. <u>Aromatherapie</u>

Die Aromatherapie wurde Anfang des 20. Jahrhunderts von dem französischen Chemiker René-Maurice Gattefossé quasi wiederentdeckt. Er war es auch, der der Aromatherapie ihren Namen gab. Als der erste Weltkrieg ausbrach, behandelte er viele Versehrte Soldaten mit der Hilfe der ätherischen Öle. Sie senkten das Fieber, beschleunigten den Heilprozess und die Vernarbung bei Wunden, linderten Schmerzen und stärkten gleichzeitig den Lebenswillen der Versehrten, was wiederum für eine rasche Gesundung sorgte. Allerdings wurden zu dieser Zeit auch die chemischen Medikamente entdeckt, welche folglich die Aromatherapie verdrängten. Doch Gattefossé schrieb sein neu gewonnenes und erprobtes Wissen auf und es erschien so 1937 das Buch „Aromathérapie". Dieses Werk war auch der Grundstein für den französischen Arzt Dr. Jean Valnet und es ermöglichte ihm die Versorgung vieler Soldaten und Verwundeter im zweiten Weltkrieg. Die Aromatherapie kam auf verschiedenen Wegen zu den Menschen und auch heute noch wird ihre Handhabung in jedem Land unterschieden. Beispielsweise spielt bei der französischen Aromatherapie eher die innerliche Anwendung eine Rolle, während in England eher die äußerliche Anwendung von Belang ist. In Deutschland wiederum ist es so, dass in Aromatherapie und Aromapflege unterschieden wird. Die Aromatherapie umschließt dabei nur die innerliche Anwendung, welche dementsprechend nur von Ärzten, bzw. Heilpraktikern ausgeübt werden darf[15].

Bezieht man nun wieder die Produkte der Apitherapie mit ein wie Honig, Propolis und Bienenwachs, so bemerkt man, dass auch diese ätherische Öle besitzen. Beispielweise wird das Honigöl für Hautkrankheiten eingesetzt und aus Propolis Extrakten werden Inhalationen zubereitet. Dass Bienenprodukte verschiedene ätherische Öle besitzen ist ferner seit geraumer Zeit bekannt und es entwickelt sich stetig ein Markt für sogenannte Api-Aromatherapie-Produkte. Dabei werden die Eigenschaften des Honigs für einen raschen Transport genutzt, um die Wirkung der verschiedenen ätherischen Öle voranzutreiben[16].

---

[14] Dr. med. Stangaciu, Stefan: Sanft heilen mit Honig, Propolis und Bienenwachs. 3. Auflage, Stuttgart, 2015. S. 19.

[15] Werner, Monika; von Braunschweig, Ruth: Praxis Aromatherapie: Grundlagen – Steckbriefe – Indikationen. 2. Auflage. Stuttgart, 2009. S. 5 ff.

[16] Dr. med. Stangaciu, Stefan: Sanft heilen mit Honig, Propolis und Bienenwachs. 3. Auflage, Stuttgart, 2015. S. 19 ff.

2.2.3. <u>Homöopathie</u>

Die Homöopathie verdankt ihren Namen und ihre Existenz dem deutschen Arzt Samuel Hahnemann, welcher der Humoralpathologie schon in jungen Jahren kritisch gegenüberstand. Ausschlaggebend für die Begründung der Homöopathie war Hahnemanns Cinarindenversuch. Hahnemann lebte mit seiner Frau und seinen elf Kindern in ärmlichen Verhältnissen, da er, wie bereits oben erwähnt, den allgemeinen Praktiken seiner Kollegen kritisch gegenüber stand. Dementsprechend verdiente er sein Geld hauptsächlich mit der Übersetzung medizinischer Bücher[17]. So übersetzte er eine „Arzneimittellehre des schottischen Arztes William Cullen [und] wurde stutzig über [dessen] Ausführungen zur Heilung von Wechselfieber (Malaria) durch Chinarinde"[18]. Er beschloss dem nachzugehen und nahm selbst Chinarinde zu sich, mit dem Ergebnis, dass sie bei einem gesunden Menschen ähnliche Symptome hervorrief wie die Malaria selbst. Aus dieser und weiteren Beobachtungen heraus ergaben sich dann die vier Grundprinzipien der Homöopathie:

1. Das Ähnlichkeitsprinzip – Similis similibus curentur (Ähnliches kann durch ähnliches geheilt werden).

2. Die Potenzierung – mineralische, pflanzliche, tierische oder aus Krankheitsprodukten gewonnene Lösungen müssen in einem vorgeschriebenen Verhältnis stufenweise mit einem Lösungsmittel verdünnt werden[19].

3. Die Arzneimittelprüfung am Gesunden – Ein Gesunder nimmt eine geringe Dosis ein und man beobachtet ihre Reaktion darauf[20].

4. Das Prinzip der Gabe von Arznei Einzelstoffen – Ein klassischer Homöopath wird einem Patienten immer einen Einzelstoff verordnen und kein Gemisch.

Zieht man nun die Apitherapeutischen Grundprinzipien dazu, so lassen sich einige Ähnlichkeiten erkennen. So werden ebenfalls viele Homöopathische Mittel direkt aus den Produkten von Bienen hergestellt. Beispielsweise wird Propolis als Homöopatisches Mittel verdünnt und zur Behandlung von allergischen Reaktionen oder bei Ekzemen eingesetzt. Ebenso werden ganze Bienenkörper in der Homöopathie genutzt und als Apis mellifera Globuli verabreicht[21]. Doch es gibt noch eine weitere Gemeinsamkeit, außer dass Bienenprodukte in der Homöopathie verwendet werden. Und zwar ähnelt sich die Gabe der

---

[17] Hopp, Mario; Eger, Erwin URL: http://www.hahnemannia.de/html/bio.htm (Stand: 23.08.2017).

[18] Dr. Weirich, Ralf URL: http://www.hevert.com/market-de/de/meine-gesundheit/grundlagen-der-naturheilkunde/geschichte-und-grundprinzipien-der-klassischen-hom%C3%B6opathie (Stand: 23.08. 2017).

[19] Prof. Dr. med. Bühring, Malte; Prof. Dr. med. H. Kemper, Fritz: Naturheilverfahren und Unkonventionelle Medizinische Richtungen. Baden-Baden, 1993. Sektion 14.01 S. 1.

[20] Ebd.

[21] Bort, Rosemarie URL: http://www.mediapis.net/heilkundlicheanwendung.htm (Stand: 23.08. 2017).

Medikamente bei beiden Verfahren. So werden beispielsweise Globuli und Tinkturen unter die Zunge gegeben, damit sie über die Schleimhäute direkt in den Blutkreislauf gelangen[22].

2.2.4. <u>Akupunktur</u>

Die Akupunktur ist ein Teilgebiet der sogenannten Traditionellen Chinesischen Medizin (TCM) welche sich aus der Arzneikunde, der Akupunktur, der Moxibustion und der Massage zusammensetzt[23]. Ihren Ursprung hat sie in den naturphilosophischen Anschauungen der alten chinesischen Kulturen. So entstand um das Jahr 200 v. Chr. das „Lehrbuch der physischen Medizin des Gelben Kaisers", welches in Form eines Dialoges niedergeschrieben wurde. In der TCM glaubt man an das gegenseitige Wechselspiel zwischen Yin (Dunkelheit, Kälte) und Yang (Helligkeit, Wärme) Kräften. Dieses Wechselspiel soll demnach die Lebensenergie, das sogenannte Qi, hervorbringen. Dieses Qi versammelt sich nun im Körper und es fließt in sogenannte Meridiane, welche wiederum die Grundlage für die Topologie der Akupunkturpunkte bilden. Indikationen der Akupunktur sind vor allem Schmerzbehandlungen wie „Erkrankungen des Bewegungsapparates, HWS-Syndrom, Lumbalgien, Ischialgien" etc. Aber auch urogenitale Krankheiten (Pyelonephritis, Harnwegsinfekte, Prostatistis u.a.) und psychosomatische Erkrankungen (Asthma bronchiale, Ulcus ventri-culi et duodeni u.a.) können durch die Akupunktur Linderung verschaffen. Doch auch bei Tinnitus, Herzrythmusstörungen, Rheumatitis und sogar in der Geburtshilfe[24] wird die Akupunktur mitunter angewandt und erweist so ihr sehr breites Spektrum an Einsatzmöglichkeiten.

Möchte man nun die Apitherapie und die Akupunktur in Einklang bringen, so muss man nicht nur die Yin und Yang Theorie verstehen, sondern auch die sogenannte Fünf-Elemente-Theorie. Diese beschreibt fünf Wandlungsphasen, welche für „unterschiedliche Qualitäten und Zustände"[25] beschreiben.

Diese fünf Elemente sind:

- Wasser – befeuchtet nach unten

- Feuer – schlägt nach oben

- Holz – kann gebogen werden

---

[22] Dr. med. Stangaciu, Stefan: Sanft heilen mit Honig, Propolis und Bienenwachs. 3. Auflage, Stuttgart, 2015. S. 20 ff.

[23] Stux, Gabriel; Stille, Niklas, Pomeranz, Bruce: Akupunktur: Lehrbuch und Atlas.3. Auflage. Heidelberg, 1989 S. 1 ff.

[24] Prof. Dr. med. Bühring, Malte; Prof. Dr. med. H. Kemper, Fritz: Naturheilverfahren und Unkonventionelle Medizinische Richtungen. Baden-Baden, 1993. Sektion 15.01 S. 1 – 5..

[25] Dr.med. Kürten, A; Preuss; Freitag URL: https://www.tcm24.de/fuenf-elemente/ (Stand: 23.08. 017).

- Metall – kann geformt werden
- Erde – erlaubt das Säen, Wachsen und Ernten[26]

Bezieht man diese Fünf-Elementen-Lehre nun auf diverse Bienenprodukte, so ergibt sich folgendes:

- Bienenbrot & Pollen = Holz
- Bienengift = Feuer
- Honig & Honigtau = Erde
- Bienenwachs & Propolis = Metall
- Gelée Royale = Wasser

Dementsprechend werden die Produkte in der Akupunktur auch eingesetzt. So empfiehlt sich beispielsweise bei Krankheiten, welche dem Element „Metall" zugeordnet sind (Lungen-, oder Darmkrankheiten) eine Propolis Behandlung. Bei Erkrankungen die dem Element „Holz" untergeordnet sind (Leber oder Galle) werden dementsprechend Pollen oder Bienenbrot Präparate verordnet. Bei Beschwerden die dem Element „Feuer" unterstehen (Herz, Dünndarm) werden mit Bienengift behandelt, welches direkt über die Akupunkturpunkte eingegeben werden kann (auch als Apipunktur bezeichnet[27]).

3. <u>Bienenprodukte</u>

In den vorangegangenen Kapiteln wurde verdeutlicht, das Honigbienen dem Menschen vielerlei Produkte schenken, welche zum einen als Nahrung, zum anderen als Arznei verwendet werden können. Darunter zählen der Honig, Propolis, Bienenbrot, Bienenwachs, Pollen, Gelée Royale und Bienengift. Jedes dieser Produkte wird im Folgenden einzeln vorgestellt werden. Dabei wird ebenso auf die Gewinnung, bzw. Herstellung, die Anwendungsformen, bzw. dem medizinischen Nutzen, die Zusammensetzung und auf den Nutzen für das Bienenvolk eingegangen werden.

3.1. <u>Honig</u>

Fast jeder der ihn kennt weiß ihn zu schätzen. Man streicht ihn sich morgens aufs Brot, nutzt ihn als Gewürz oder Süßungsmittel oder trinkt ihn als das Gebräu der Wikinger als

---

[26] Ebd.
[27] Dr. med. Stangaciu, Stefan: Sanft heilen mit Honig, Propolis und Bienenwachs. 3. Auflage, Stuttgart, 2015. S. 20.

sogenannten Honigwein. Er kann cremig, dunkelbraun, golden, flüssig, milchig oder Goldgelb sein. Auch der Geschmack ist sehr variabel: Von fein-süßlich über kräftig bis hin zu nussig kann alles dabei sein. Honig ist aus unseren Küchen nicht mehr weg zu denken und jeder hat seinen Favoriten. Doch nicht nur als Lebensmittel ist er hochgeschätzt, sondern auch als Heilmittel. Doch was ist Honig überhaupt? Nach der Honigverordnung vom 16. Januar 2004: „Honig ist der natursüße Stoff, der von Honigbienen erzeugt wird, indem die Biene Nektar von Pflanzen oder Sekrete lebender Pflanzenteile oder sich auf den lebenden Pflanzenteilen befindende Exkrete von an Pflanzen saugenden Insekten aufnehmen, durch Kombination mit eigenen spezifischen Stoffen umwandeln, einlagern, dehydratisieren und in den Waben des Bienenstocks speichern und reifen lassen"[28].

3.1.1. **Entstehung und Produktion**

Wie man schon aus dem Zitat der Bienenverordnung ablesen kann, entsteht Honig aus Nektar. Nektar wiederum ist eine wässrige Flüssigkeit, welcher von Pflanzen als Sekret aus speziellen Drüsen abgegeben wird als Anlock- und Verköstigungsstoff[29]. Nektar besteht zu einem großen Teil aus Wasser und diversen Zuckerarten wie Saccharose, Fruktose, Glukose, Alpha-Methyl-Glykoside, Maltose, Melibiose, Trehalose, Raffinose, Erlose und Melizitose). Nebenbei sind in geringen Mengen auch Mineralstoffe, Eiweiße, Harze, Fettsäuren, Dextrin, Vitamine, Enzyme, Hefen, Polyphenole und diverse Phosphor und Stickstoffverbindungen enthalten[30]. Die Sammelbiene nimmt nun den Nektar mit ihrem Rüssel auf und dieser gelangt dann über die Speiseröhre in die Honigblasen, bzw. den Honigmagen[31]. Diese ist sehr dehnbar und kann maximal 70 Mikroliter fassen, was so viel bedeutet, dass die Honigblase mehr als die Hälfte des Körpergewichts einer Biene mit etwa 100 Gramm ausmachen kann. Schon während des Transports beginnt der Reifungsprozess, denn die Biene gibt dem Nektar Körpereigene Enzyme bei, welche den Wassergehalt reduzieren:

- Invertase – spaltet Saccharose in Fruktose und Glukose

- Diastase – spaltet Stärke in Mehrfachzucker

- Glucoseoxidase – wandelt Glukose in Gluconsäure und Wasserstoffperoxid um

---

[28] Honigverordnung Anlage 1 Abschnitt I in: Sänger, Angela: Honig heilt Wunden, Bochum/Freiburg, 2016. S. 36.
[29] Dr. Harz, Marika URL: https://www.die-honigmacher.de/kurs3/seite_11200.html (Stand: 24.08. 2017).
[30] Dr. med. Stangaciu, Stefan: Sanft heilen mit Honig, Propolis und Bienenwachs. 3. Auflage, Stuttgart, 2015. S. 25.
[31] Prof.Dr.med. Münstedt, Karsten; Dr.med.vet. Hoffmann, Sven: Bienenprodukte in der Medizin. Aachen, 2012. S. 79.

Der „Honig in Spe" wird mit Hilfe des Ventiltrichters, welcher in die Honigblase hineinreicht und von feinen Haaren besetzt ist, vogefiltert. Dieser Ventiltrichter wirkt quasi als Sieb, indem sich diverse Kleinstpartikel, wie bsp. Hefesporen oder Pollenkörner, verfangen, welche dann in den Darm abtransportiert werden[32]. Im Bienenstock angekommen gibt die Sammelbiene den Inhalt ihrer Honigblase an die Stockbienen weiter, welche den Nektar über eine Futterkette weitergeben. Dabei setzt jede Stockbiene dem Nektar weitere Enzyme hinzu. Diese beiden Vorgänge, die Weitergabe und das zusetzen weiterer Enzyme haben zur Folge, dass zum einen der Wassergehalt durch die Weitergabe zwischen den Bienen sinkt. Denn das Wasser verdunstet mit Hilfe der warmen Stockluft. Zum anderen steigt der Enzymgehalt im Nektar, bzw. Honig stetig an.

Der nun eingedickte Nektar wird schließlich zunächst an den Zellwandungen aufgehängt und mehrmals umgetragen. Erst wenn der Honig einen bestimmten Reifegrad erreicht hat, wird er in die Wabenzellen gefüllt. Anschließend wird dann durch gezieltes Flügelschlagen ein Luftstrom erzeugt, welcher die feuchte Luft aus dem Stock und die warme, trockene Luft über die Honigwaben transportiert. Durch diesen Vorgang wird sichergestellt, dass der Wassergehalt im Honig unter 20% liegt. Ist der Honig reif, wird er in die Wabenzellen oberhalb des Brutnests getragen und mit einer Wachsschicht verdeckelt. Dieser Zelldeckel wird dann nach und nach verstärkt, sodass der Honig kein Wasser aufnehmen kann[33].

3.1.2. Anwendungsgebiete

Beschäftigt man sich mit dem Honig als Heilmittel in der Apitherapie, so wird deutlich, dass es für das Produkt Honig viele verschiedene Anwendungsmöglichkeiten gibt. So wird er bei folgenden Leiden eingesetzt:

- Bei Leberleiden - Der Honig unterstützt hierbei die entgiftende Funktion des Organs und er soll einer Verfettung vorbeugen.
- Bei einem geschwächten Immunsystem – Da Honig ein Energiespender ist, welcher vom Organismus schnell aufgenommen wird, soll er einen gewissen Erholungseffekt hervorrufen, durch eine schnelle Resorption von Enzymen und Hormonen.
- Bei Magen- und Darmproblemen – Honig fördert die Magensekretion und die Darmperistaltik.
- Er hilft bei Infekten, welche von Fieber begleitet werden.

---

[32] Fachzentrum Bienen: https://www.lwg.bayern.de/mam/cms06/bienen/dateien/honigkurs_teil_1.pdf (Stand: 24.08. 2017).
[33] Siehe Fachzentrum für Bienen & Prof.Dr.med. Münstedt, Karsten; Dr.med.vet. Hoffmann, Sven S. 79 ff.

- Bei Schlafstörungen wird er gerne in warme Milch eingerührt.
- Er hilft bei Hautkrankheiten, da er nicht nur zur Hautpflege, sondern auch zur Gesundhaltung beiträgt.
- In Verbindung mit diversen Kräutern wie Salbei u.a. soll er Halsschmerzen lindern.
- Bei hyperaktiven Kindern wird er eingesetzt um diese ruhiger werden zu lassen.
- Er hilft bei der Vorbeugung gegen Myokardininfarkte und Herzinsuffizienz, da er einen positiven Einfluss auf die Durchblutung haben soll.
- Er wird ferner zur Entgiftung mittels Honigmassegen eingesetzt, welche dem Körper schadhafte Stoffe entziehen.
- Ebenso soll er sich positiv bei Stoffwechselerkrankungen auswirken.
- Bei der Wundheilung – Er wird am häufigsten bei offenen Wunden, Ekzemen und anderen Wundarten eingesetzt, sofern er hygienisch einwandfrei ist, da er die Wundheilung fördern soll.[34]

Da es zu vielen der oben angesprochenen Bereiche keine weiterführenden Studien gibt, wird nun im Folgenden ein Anwendungsgebiet angesprochen, zu welchem eindeutig belastbare Daten existieren.

3.2. Gelée Royale

Gelée Royale, oder auch Weiselfuttersaft oder Bienenmilch genannt, ist eine sehr eindrucksvolle Substanz, um welche sich viele Geschichten und fast schon Mysterien ranken. Diese doch sehr interessante Substanz wird unter anderem für die heranwachsenden Larven benötigt, denn diese sind auf eine sehr Energie- und eiweißreiche Nahrung angewiesen. Man könnte nun annehmen, dass doch der Honig, der so fleißig von den Sammelbienen herangetragen und verarbeitet wird, für die Nachkommen ausreicht. Dies ist jedoch nicht der Fall, denn sollten die sogenannten Ammenbienen den Larven ausschließlich Honig anbieten, so würden diese sehr schnell verkümmern, da Honig sehr wenig Eiweiß enthält. Doch nicht nur die Larven bekommen den Futtersaft, sondern auch die Königin wird mit diesem versorgt, da ihre ununterbrochene Aufgabe des Eierlegens nur mit einem ausreichenden Eiweißangebot zu schaffen ist. Daher tragen auch Ammenbienen ihren Namen zurecht, da sie dafür zuständig sind, die Nachkommen und die Königin mit der „Bienenmilch" zu versorgen[35].

---

[34] Prof.Dr.med. Münstedt, Karsten; Dr.med.vet. Hoffmann, Sven S. 102 ff.
[35] Dr. Harz, Marika URL: https://www.die-honigmacher.de/kurs1/seite_14000.html (Stand: 25.08. 2017).

3.2.1. <u>Entstehung und Produktion</u>

Das Gelée Royale entsteht in den Hypopharynx- und den Mandibeldrüsen der Arbeiterinnen, welche zwischen sechs und vierzehn Tage alt sind. Das Gelée Royale ist eine weißlich, milchige Substanz, welche an die Konsistenz von Pudding erinnern lässt[36]. Der Geruch ist leicht säuerlich und „leicht stechend nach Phenolen"[37]. Während die Larven der Arbeiterbienen und die Drohnen bis zum dritten Tag und die Weiseln bis zum fünften Tag mit dem Gelée Royale gefüttert werden, bekommt es die Königin ihr gesamtes Leben. Erst das Gelée Royale macht es ihr so möglich, täglich etwa an die 2000 Eiern zu legen, die wiederum vom Gewicht her das Ihre um ein Vielfaches übersteigt[38]. Was das Gelée Royale so besonders macht, sind seine Vielfältigen Substanzen. Es besteht, neben etwa 70% Wasser, aus Eiweißsstoffen, Kohlenhydraten (Monosaccharide), Lipiden, Mikroelementen, Enzymen (Cholinesterase, Glukose-Oxidase, Invertase, Phosphate, etc.), Proteinen, Vitaminen (B1, B2, B5, B6, B8, Bc, B12, Biotin, Carotin, Inosit, C, D, A und E), Mineralsalzen, Oligoelemente, Pollenkörner, Apalbumine, Spurenelementen (Eisen, Zink; Mangan, Kobalt), etc[39]. Die Gewinnung des Gelée Royals ist wiederum eine recht aufwändige Sache, da das Gelée Royale nie vom Bienenvolk eingelagert, sondern immer direkt an die Königinnenlarven oder an die Königin direkt verfüttert wird. Es gibt viele verschiedene Methoden um das Gelée zu gewinnen, doch die häufigste ist die Gewinnung mit den sogenannten Weiselnäpfchen. Dies sind Zellen, welche von den Arbeiterinnen für die Aufzucht der Königinnen gebaut werden. Bei den Weiselnäpfchen kann der Imker sich sicher sein, dass er das Gelée ernten kann, auch wenn dies nur in kleinen Mengen geht. Um dies besser und gezielter zu fördern, kann man die Larven umlarven. Das bedeutet, dass der Imker künstliche Weiselnäpfchen mit den frischen Larven in einen Rahmen gibt und diese in ein sogenanntes Pflegevolk hängt. Drei Tage später werden diese Weiselnäpfchen dann aus den Pflegevölkern entnommen und man entfernt anschließend die Wachsdeckel von den Näpfchen. Dann werden die Larven entnommen damit das Gelée Royale frei liegt. Dieses wird dann mit Hilfe eines Unterdruckschlauches abgesaugt und wird dann mit einem Filter von Verunreinigungen gereinigt. Das Gelée wird in einem

---

[36] Fachzentrum Bienen URL: https://www.lwg.bayern.de/mam/cms06/bienen/dateien/gelee_royal.pdf (Stand: 26.08. 2017).
[37] Siehe URL: https://www.die-honigmacher.de/kurs1/seite_14100.html (Stand: 26.08. 2017).
[38] Potschinkova, Pavlina: Handbuch der Apireflextherapie. Stuttgart, 1996. S. 146.
[39] Siehe Ebd. S. 147 Und Dr. Stangaciu S. 85 ff.

abgedeckten Glasbehälter aufgefangen, sodass es unmittelbar nach der Ernte vor Licht und Wärme geschützt ist[40].

3.2.2. <u>Anwendungsgebiete</u>

Laut des deutschen Apitherapiebundes weißt Gelée Royale folgende Eigenschaften auf:
- Es förder die Bildung neuer (Knochenmark) Zellen
- Es unterstützt das Immunsystem
- Es fördert die Anregung des Stoffwechsels
- Es besitzt eine Antibakterielle, Antivirale und fungizide Wirkung
- Es hat einen positiven Einfluss auf den weiblichen Hormonhaushalt
- Es wirkt stimulierend auf die innersekretorischen Drüsen
- Und es kann wirksam eingesetzt werden bei einer Tumortherapie.[41]

Dies ist nur ein kleiner Auszug dessen, in welchen Bereichen man Gelée Royale einsetzen kann, denn dank seiner großen Anzahl an Wirkstoffen ist es auch vielfältig einsetzbar. Es kann, wie Honig auch, sowohl innerlich, als auch äußerlich angewandt werden:

<u>Innerlich:</u> Bei Munderkrankungen wie Zahnfleischbluten oder Karies, bei Erkrankungen des Rachenraumes, bei Lungenkrankheiten, bei Kardialen Erkrankungen wie Bluthochdruck, Arteriosklerose oder koronarer Herzkrankheit, bei Anämie, bei neoplastischen Erkrankungen, bei Depressionszuständen, bei Erkrankungen des Magens und des (Mast)Darmes, bei Geschlechtserkrankungen oder Impotenz, bei Ernährungsstörungen (Gewichtskontrolle, Ernährungszusatz im Leistungssport), bei der Stimulation des Immunsystems und als subkutane Injektionen bei Immunschwäche.

<u>Äußerlich:</u> Bei Augenkrankheiten wie Blepharitis und Konjunktivitis, bei Erkrankungen der Haut wie bei diabetischen Geschwüren, Ekzemen und anderen.[42]

---

[40] Heiser, Dorothea URL: http://www.bienenundnatur.de/wp-content/uploads/2013/09/Heiser-Gelee-royale2.pdf (Stand: 26.08. 2017).

[41] Deutscher Apitherapiebund e.V. (DAB) URL: http://apitherapie.de/bienenprodukte/gelee-royale/ (Stand: 26.08. 2017).

[42] Siehe Dr. Stangaciu S. 87 – 89 und Prof.Dr.med. Münstedt, Karsten; Dr.med.vet. Hoffmann, Sven S. 131 ff.

3.3. Propolis

Propolis, die „Tränen der Bäume" oder auch als das „schwarze Wachs"[43] bekannt, leitet sich von den griechischen Wörtern pro= vor und polis = die Stadt[44] ab. Es bezeichnet im Allgemeinen eine harzige, klebrige, gummiartige und thermoplastische[45] Substanz, die auch gerne als Kittharz bezeichnet wird. Im Gegensatz zum Honig, sind die heilenden Eigenschaften von Propolis nicht ganz so lange bekannt, allerdings kannten sowohl die Inkas, als auch die Ägypter diesen Stoff, da sie ihn, unter anderem, für die Mumifizierung ihrer Toten gebrauchten. In der neusten Zeit wurde es bis zum 2. Weltkrieg als Heilmittel bei Kriegsverletzungen eingesetzt. Danach geriet das alte Wissen fast in Vergessenheit, bis es in den letzten Jahren wieder einen beständigen Platz in vielen Apotheken bekam[46].

3.3.1. Entstehung und Produktion

Propolis, bzw. das Harz wird von bestimmten Sammlerbienen mit Hilfe ihrer Mundwerkzeuge von Rissen in den Borken der Bäume, zumeist Pappeln, oder aus den Knospen gesammelt[47]. Dieses Harzstück wird dann mit diversen Sekreten aus den Mandibeldrüsen vermischt und dann wie ein Pollenhöschen zum Bienenstock zurück getragen. Sind die Sammlerbienen zurück im Stock, wird ihnen beim entleeren der klebrigen Substanz geholfen, indem die anderen Bienen die Harze mit den Mundwerkzeugen so lange ziehen, bis sie brechen. Im Anschluss werden die Harze mit weiteren Enzymen und Bienenwachs angereichert, bis es die richtige Konsistenz hat und Kittharz entstanden ist[48]. Bienen benutzen Propolis für verschiedene Dinge; wie beispielsweise:

- Zur Verengung des Einfluglaches und zum Schutz vor Eindringlingen wie Wespen.
- Als Geruchsneutralisierer vor möglichen Eindringlingen. Der Stock wird quasi zu einem Repellent gemacht, zu etwas abweisendem.
- Es wird als Baustoff zur Ausbesserung oder für Isolierarbeiten genutzt.
- Tote, zumeist größere Eindringlinge wie Mäuse, werden damit einbalsamiert. Dies verhindert, bzw. verlangsamt die Verwesung.

---

[43] Ebd. S. 70.
[44] Prof.Dr.med. Münstedt, Karsten; Dr.med.vet. Hoffmann, Sven S. 96.

[45] Deutscher Apitherapiebund e.V. URL: http://apitherapie.de/bienenprodukte/propolis/ (Stand 26.08. 2017).
[46] Ebd.
[47] Siehe Dr. Stangaciu S. 71 ff.
[48] Seifert, Michael: Inhaltsstoffe der Propolis. 1991, Bayreuth. S. 1 ff.

- Es wird als Fungizid eingesetzt, ebenso werden Keime und Samen daran gehindert auszusprossen.
- Es wird zur Desinfektion genutzt, sodass es den Bienen möglich ist, ihr Immunsystem herunterzufahren.[49]

Obwohl Propolis, wie Honig auch, seit viele tausend Jahren unter anderem als Heilmittel eingesetzt wird, wurden seine Inhaltsstoffe erst in den letzten Jahrzehnten entschlüsselt. Propolis ist eine wahre Schatzkiste, was die Zusammensetzung anbelangt, denn es enthält weit über 1000 Substanzen. Die wichtigsten Inhaltsstoffe sind:

- Etwa 55% Harze- und Balsamstoffe
- Zwischen 8 und 35% Wachs
- Etwa 10% ätherische Öle
- 6% Pollen,
- 5% Fettsäuren
- Sekretionen, Gerbstoffe und Terpene aus den Speicheldrüsen der Bienen
- Viele Vitamine der B-Gruppe, ebenso wie Vitamin C, E und Biotin
- Spurenelemente und Mineralstoffe wie Zink, Mangan, Eisen, Chrom, u.a.
- Essentielle Aminosäuren und Enzyme[50]

Möchte der Imker das Propolis ernten, so muss er dabei sehr behutsam sein, denn beraubt er das gesamte Bienenvolk um das Propolis, so wären die Tiere Umwelteinflüssen und Eindringlingen schutzlos ausgeliefert. Um dem entgegen zu wirken, ist die effektivste Art der Propolis Gewinnung mit Hilfe von Rähmchen, welche auch als Propolisgitter bezeichnet werden. Dies wird mit Löchern versehen, welche die Bienen dann mit Propolis verkitten, sodass dieser Rahmen dann vom Imker einfach entnommen werden kann.[51]

3.3.2. __Anwendungsgebiete__

Propolis kann in vielen verschiedenen Bereichen in der Medizin eingesetzt werden und es sind mitunter 70 Wirkungen bekannt, welche für die Gesundung des Menschen, aber auch für Tiere von Nutzen sind. Die wichtigsten Wirkungen wären:

- Bindet Schwermetalle
- Besitzt eine antioxidative Wirkung

---

[49] Ebd.
[50] Dr. Stangaciu S. 73.
[51] Siehe Apitherapiebund e.V. (DAB) & Prof.Dr.med. Münstedt, Karsten; Dr.med.vet. Hoffmann, Sven S. 97.

- Es steigert die Kollagen- und Elastinproduktion
- Es stärkt Blutgefäße und die Zellmembranen, Epithelien und Schleimhäute
- Es wirkt antibakteriell, antiviral, antimykotisch und antiparasitär
- Es bekämpft freie Radikale
- Es beschleunigt die Wundheilung
- Fiebersenkend und schmerzlindernd
- Es reduziert die Nebenwirkungen bei Chemo- und Strahlentherapien[52].

3.4. Pollen

Frägt man Laien, mit was sie Bienen in Verbindung bringen, so werden die meisten Antworten „Honig" sein. Doch eigentlich müsste es „Pollen" sein, denn dieser ist der wichtigste Eiweiß Lieferant für das Volk, denn ohne ihn, könnten sie den Nachwuchs nicht hochziehen. Im Gegensatz zu Honig oder Gelée Royale ist der Pollen kein Bienen-, sondern ein Pflanzenprodukt[53].

3.4.1. Entstehung und Produktion

Die Entstehung der Blütenpollen geschieht im schönsten Pflanzenteil, der Blüte. Die meisten Blüten sind entweder durch ihre Farbe, ihren Geruch oder ihren gesamten Habitus so ausgestattet, dass die bestäubenden Insekten und andere Tiere anlocken. So wie viele andere Insekten, sind auch die Biene mit den Pflanzen eine Symbiose eingegangen: Sie erhalten von den Blüten Nektar und Pollen und als Gegenleistung verbreiten sie den Pollen der Pflanze und sichern so deren Nachkommenschaft. Die Bienen sammeln den Pollen oder auch Blütenstaub aus den Staubblättern mit ihrem gesamten Körper. Von Kopf bis zum Bauch über die Mundwerkzeuge bis hin zu den Sammelbeinen ist die Biene mit vielen kleinen Härchen ausgestattet, welche den Pollen auffangen. Mit Hilfe ihrer vorderen Beinpaare kann die Biene die Pollen zu ihrem hintersten Beinpaar transportieren. Dort wird der Pollen mit Hilfe der sogenannten „Fersenbürste" in die Pollenhöschen getragen[54]. Kommt die Sammlerbiene dann im Volk an, wird der Pollen zumeist „kreisförmig um das Brutnest eingelagert [indem] er in den Zellen „gestampft" und dann mit Honig überzogen [wird], was einen konservierenden

---

[52] Siehe Dr. Stangaciu S. 73 ff. & Apitherapiebund e.V. (DAB).
[53] Dr. Stangaciu S. 48.
[54] Ebd. S. 49 ff. & Prof.Dr.med. Münstedt, Karsten; Dr.med.vet. Hoffmann, Sven S. 91 ff.

Effekt hat"[55]. Möchte der Imker den Pollen gewinnen, so geschieht wie folgt: Als Frischpollen. Dies ist der Pollen, welcher von der Sammlerbiene in den Stock getragen wird. Dazu bringt der Imker eine Pollenfalle am Flugloch an, sodass die ankommenden Bienen auf ihrem Weg in den Stock diesen Lochstreifen passieren müssen. Beim Passieren verliert die Sammlerbiene einen Teil ihres Pollenhöschens und dieser wird dann vom Imker geerntet[56].

3.4.2. <u>Anwendungsgebiete</u>

Pollen wird vor allem wegen seiner großen Anzahl an Vitaminen (B-Gruppe, C, D, E, und A) Mineralstoffen (Calcium, Mangan, Eisen, Kupfer, u.a.), Eiweißen (Isoleuzin, Leucin, Lysin, Valin, u.a.), Fetten und anderen Substanzen nicht nur als Nahrungsquelle von unschätzbarem Wert, sondern er ist auch für die Gesundheit als wertvoll zu betrachten:

- Er wirkt Antioxidant und antibakteriell
- Er hilft bei Appetitlosigkeit
- Kräftigend, euphorisierend und stimulierend
- Er hilft ferner gegen Anämie, Hypertonie und Kapillarbrüchigkeit
- Bei Lebererkrankungen, bei Kolitis und Gastritis
- Bei Hypertrophie der Prostata
- Und zur Prophylaxe von Arteriosklerose

3.5. <u>Bienengift</u>

Nicht nur Honig, Propolis oder Gelée Royale werden seit viele Dekaden, ja teilweise schon mehrere tausend Jahre zu Heilzwecken eingesetzt, sondern auch das wirksame Gift der Bienen. Bis vor nicht allzu langer Zeit, fehlte allerdings die wissenschaftliche Grundlage hierfür, sodass zunächst die Forschung gefragt war was Wirkungsmechanismen, pharmakologische Charakteristika und andere Themengebiete anbelangte[57]. Treibende Kraft war ein Herr Illertissen, Besitzer der Firma Mack, der sieben Jahre lang Hand in Hand mit dem Pharmakologischen Institut Würzburg zusammen arbeitete und sich mit der Zusammensetzung und der Wirkung des Bienengifts beschäftigte[58].

---

[55] Ebd. S. 92.
[56] Dr. Harz, Marika URL: https://www.die-honigmacher.de/kurs1/seite_12300.html (Stand: 27.08. 2017).
[57] Siehe Potschinkova, Pavlina S. 127.
[58] Herold, Edmund: Heilwerte aus dem Bienenvolk. 4. Auflage. München, 1970. S. 189.

3.5.1. **Entstehung und Produktion**

Auch wenn Bienen zu den Staatenbildenden Insekten gehören, würde ihnen die reine Anzahl von Tieren ohne wirksamen Schutzmechanismus nicht viel helfen, sollte es einen oder gar mehrere Eindringlinge oder Räuber geben. Daher hat die Evolution die weiblichen Bienen wie Bienenköniginnen und Arbeiterinnen mit einem Stachel versehen. Dieser besteht aus einem „scharfen […] „Dolch" […] und zwei „Lanzetten" mit Widerhaken und mit Muskeln […]. Diese Muskeln bewegen abwechselnd hauchdünne Strukturen mit Widerhaken und stechen den Stachel in die Haut. Der Dolch und die zwei Lanzetten bilden zusammen eine Rinne, durch die das Gift aus der Giftblase in die Spitze des Stachels rinnt"[59].

Sticht die Biene nun ein Wirbeltier oder Menschen, bleibt der Stachel mit seinen Widerhaken in der Haut stecken, da unsere Oberhaut zu dick ist, um ihn wieder herauszuziehen. In Folge dessen wird der gesamte Stechapparat inklusive der Giftblase aus dem Hinterleib gerissen und die Biene verstirbt. Doch auch ohne die Biene ihr Zutun pumpt der Stechapparat weiterhin Gift in die Haut, bis die Giftblase vollends entleert ist.[60]

Um an das wertvolle Bienengift zu kommen gibt es zwei Möglichkeiten:

1. Die Patienten lassen sich von einer Biene stechen (womit man auch den Tod des Tieres in Kauf nimmt), oder

2. Man bedient sich des gebräuchlichen Verfahrens der sogenannten Elektroerregung. Diese Methode funktioniert ähnlich wie die des Vogelspinnen-, oder Skorpionmelkens und es kommt dabei kein Tier zu Schade. Dazu wird in der Nähe des Einfluglochs eine Drahtstromfalle angebracht um die Tiere zu reizen. Die gereizten Bienen stechen daraufhin in eine „dafür vorgesehene Unterlage, und das Gift tropft entweder auf eine Folie oder eine Glasplatte"[61].

3.5.2. **Anwendungsgebiete**

Das Bienengift besitzt eine gelbliche Färbung und ist eine diffizile Mischung aus verschiedenen Proteinen und Molekülen. Hauptbestandteil ist hierbei das Peptid Melittin (etwa 50%). Neben anderen Peptiden wie Tertiapin, Sekarpin, Prokamin, u.a. besteht es ferner aus der Phospholiphase A2 (etwa 12%), Apamin (2 %), Hyaluronidase (2 %), dem Mastzellen-degranulierenden Peptid MCD (2 %) und Secamin. Kleinere molekulare

---

[59] Siehe Dr. Stangaciu S. 108 ff.
[60] Prof.Dr.med. Münstedt, Karsten; Dr.med.vet. Hoffmann, Sven S. 100.
[61] Dr. Stangaciu S. 109 ff.

Bestandteile des Giftes wären: Histamin (0,1 – 1 %), Dopamin, Norepinephrin und Leukotrien. Aber auch flüchtige Stoffe wie Pheromone beinhaltet das Gift. Diese Stoffe sind es, welche den anderen Bienen signalisieren, dass ihr Volk in Gefahr ist und es stimuliert so ihr Abwehrverhalten. Durch diesen Molekularen Cocktail ist der Stich an sich sehr schmerzhaft und er kann mitunter starke Schädigungen des Gewebes hervorrufen. Unsere Haut reagiert darauf mit einer Schwellung und Quaddelbildung an der Einstichstelle, welche dem MCD Peptid zu verschulden ist[62].

Nach dem Apitherapiebund e.V. wirkt Bienengift wie folgt:

- Es fördert die Durchblutung
- Es wirkt antibakteriell, pilz- und virenabtötend
- Es fördert ferner die körpereigene Cortisonbildung, sowie die Bildung der Hormone ACTH und Adrenalin
- Es wirkt als Antigoagulans und zytostatisch
- Es senkt den Cholesterinspiegel
- Lindert Schmerzen bei Neuralgien
- Und es wirkt positiv auf das Nervensystem[63]

Eine der wichtigsten Einsatzgebiete ist die Anwendung bei rheumatischen Erkrankungen. Psoriasis-Arthritis, Morbus Bechterew, rheumatoide Arthristis und andere Formen der etwa 100 verschiedenen rheumatischen Krankheiten sind keine Alterserscheinungen, sondern können jede Altersgruppe betreffen. Laut Prof. Dr. Münstedt und Prof.Dr. Hoffmann liegt demnach eine Studie aus den 60er Jahren vor, welche die Bienengifttherapie bei rheumatisch erkrankten Personen angewandt hat. Das Ergebnis war verblüffend, denn bei über 70% der Probanden verbesserten sich die Erkrankungen merklich. Ein weiteres großes Einsatzgebiet ist die Apipunktur. Diese geht aus der traditionellen chinesischen Medizin hervor und ist eine Kombination aus Akupunktur und Bienengift. Versuche mit Tieren bestätigen einen positiven Effekt was die Stimulation der Akupunkturpunkte anbelangt[64]. Summa summarum belegen alle Studien bislang den positiven Effekt, welcher mit einer Bienengifttherapie hervorgerufen werden kann. Vor allem bei rheumatischen Erkrankungen könnte dies ein fester Bestandteil werden, sofern man immer auch die Gefährlichkeit des Giftes berücksichtigt.

---

[62] Dr. Stangaciu S. 110 & Münstedt und Hoffmann S. 100 ff.

[63] Deutscher Apitherapiebund (DAB) URL: http://apitherapie.de/bienenprodukte/bienengift/ (Stand: 29.08. 2017).

[64] Prof.Dr.med. Münstedt, Karsten; Dr.med.vet. Hoffmann, Sven S. 156.

4. <u>Fazit</u>

Die vorliegende Arbeit sollte einen guten Überblick über die Apitherapie bieten und sie sollte aufzeigen, welche Produkte der Bienen eingesetzt werden können bei diversen Krankheitsbildern. Nun stellte sich für mich die Frage, welche Bedeutung die Apitherapie in der modernen Medizin haben könnte und wo sie steht. Wie bereits in meiner Arbeit dargelegt, gibt es noch nicht allzu viele Studien oder gar eine ausreichende Datenlage über den medizinischen Nutzen von Bienenprodukten. Das Problem hierbei ist, dass man zwar mit großer Leidenschaft und großem Enthusiasmus, jedoch mit unzureichender medizinischer Fachkenntnis an die Sache heran geht. Ein weiteres Problem was ich sehe ist, dass viele Apitherapeuten fast schon zwanghaft versuchen, alle Krankheiten mittels der Apitherapie heilen zu wollen. Dies ist problematisch, da man hierbei nicht vergessen darf, welche Möglichkeiten auch die moderne Medizin hat und dass es wichtig ist, Hand in Hand miteinander zu arbeiten. Dass die Heilwirkungen mit Honig oder Bienengift durchaus klar belegbar sind, da hier auch tatsächlich einige Studien existieren, ist nicht von der Hand zu weisen. Ebenfalls denke ich, dass es ein richtiger und wichtiger Schritt ist, sich wieder auf die ursprünglichen Heilmethoden zu konzentrieren und diesen eine Chance zu geben. Allerdings muss man hierfür noch vieles im Bereich der Wissenschaft tun und auch zahlreiche angelegte Studien durchführen, damit die Apitherapie auch einen nachvollziehbaren Stellenwert in der Medizin bekommt, denn wie Bernhard Naunyn schon sagte:„Nur in der Wissenschaft liegt das Heil der Medizin"[65].

---

[65] Toellner, Richars: Medizingeschichte als Aufklärungswissenschaft. Band 18. Berlin, 2016. S. 443.

Literaturverzeichnis

(DAB), D. A. (kein Datum). *Apitherapie.* Abgerufen am 26. August 2017 von http://apitherapie.de/bienenprodukte/propolis/

(DAB), D. A. (kein Datum). *Apitherapie.* Abgerufen am 29. August 2017 von http://apitherapie.de/bienenprodukte/bienengift/

(DAB), D. p. (kein Datum). *Apitherapie.* Abgerufen am 26. August 2017 von http://apitherapie.de/bienenprodukte/gelee-royale/

Alkassar, D. I. (kein Datum). *Islam.de.* Abgerufen am 20. August 2017 von http://islam.de/13827.php?sura=16

Augustin, M., & Hoch, Y. (2004). *Phytotherapie bei Hauterkrankungen.* München : Urbn & Fischer Verlag.

Bort, R. (kein Datum). *mediapis.* Abgerufen am 23. August 2017 von http://www.mediapis.net/heilkundlicheanwendung.htm

Dr. Harz, M. (kein Datum). *die-honigmacher.* Abgerufen am 24. August 2017 von https://www.die-honigmacher.de/kurs3/seite_11200.html

Dr. Harz, M. (kein Datum). *die-honigmacher.* Abgerufen am 27. August 2017 von https://www.die-honigmacher.de/kurs1/seite_12300.html

Dr. med. Kürten, A., Preuss, & Freitag. (kein Datum). *tcm24.* Abgerufen am 23. August 2017 von https://www.tcm24.de/fuenf-elemente/

Dr. Weirich, R. (kein Datum). *hevert.* Abgerufen am 23. August 2017 von http://www.hevert.com/market-de/de/meine-gesundheit/grundlagen-der-naturheilkunde/geschichte-und-grundprinzipien-der-klassischen-hom%C3%B6opathie

Dr.med. Stangaciu, S. (2015). *Sandt heilen mit Honig, Propolis und Bienenwachs.* Stuttgart: Trias Verlag.

Frey, J. (kein Datum). *Propolis-Ratgeber.info.* Abgerufen am 20. August 2017 von https://propolis-ratgeber.info/apitherapie/

Gupta, R. K., Reybroeck, W., W. van Ween, J., & Gupta, A. (2014). *Beekeeping for Poverty Alleviation and Livelihood Security.* London: Springer Verlag.

Heiser, D. (kein Datum). *bienenundnatur.* Abgerufen am 26. August 2017 von http://www.bienenundnatur.de/wp-content/uploads/2013/09/Heiser-Gelee-royale2.pdf

Hopp, M., & Eger, E. (kein Datum). *hahnemannia.* Abgerufen am 23. August 2017 von http://www.hahnemannia.de/html/bio.htm

Kasper, W. (kein Datum). *Paracelsus.de.* Abgerufen am 20. August 2017 von https://www.paracelsus.de/magazin/ausgabe/201401/die-apitherapie-bienenheilkunde/

Melchart, D., Brenke, R., Dobos, G., Gaisbauer, M., & Saller, R. (2002). *Naturheilverfahren - Leitfaden für die ärztliche Aus-, Fort- und Weiterbildung.* Stuttgart: Schattauer Verlag.

Potschinkova, P. (1996). *Handbuch der Apireflextherapie.* Stuttgart: Sonntag Verlag.

Prof. Dr. med. Bühring, M., & Prof. Dr. med. H.Kemper, F. (1993). *Naturheilverfahren und Unkonventionelle Medizinische Richtungen.* Baden-Baden: Springer Verlag.

Prof. Dr. med. Münstedt, K., & Dr. med. vet. Hoffmann, S. (2012). *Bienenprodukte in der Medizin.* Aachen: Shaker Verlag.

Sänger, A. (2016). *Honig heilt Wunden.* Bochum/Freiburg: Projekt Verlag.

Seifert, M. (1991). *Inhaltsstoffe der Propolis*. Bayreuth: Buchbinderei EHE.

Stux, G., Stiller, N., & Pomeranz, B. (1989). *Akupunktur: Lehrbuch und Atlas*. Heidelberg: Springer Verlag.

Toellner, R. (2016). *Medizingeschichte als Aufklärungswissenschaft*. Berlin: LIT Verlag.

Werner, M., & von Braunschweig, R. (2009). *Aromatherapie: Grundlagen - Steckbriefe - Indikationen*. Stuttgart : Haug Verlag.